学生科普百科系列

王牌
步枪小百科
WANGPAI BUQIANG XIAOBAIKE

雨 田 主编

北方联合出版传媒（集团）股份有限公司

辽宁少年儿童出版社

沈 阳

 前言 FOREWORD

　　在这个充满谜团的世界上，在我们栖居生存的美丽星球上，有许多知识是我们必须了解和掌握的。伴随着时空的推移，地球经历了惊天巨变。人类也在认识自然、掌握规律中不断发展，人类所掌握的知识在不断更迭和进步。

　　少年儿童是民族的希望与未来，也是最需要良好知识培养和熏陶的广大群体。在培养少年儿童学习兴趣的过程中，如何将知识的趣味性、实用性、时代性等特点充分融合，并用喜闻乐见、图文并茂、简单易学的书籍来满足少年儿童的学习要求，是当代每一个出版工作者都要思考的重大问题。

　　鉴于此，编者通过大量的收集与筛选，精心编纂了这套《学生科普百科系列》丛书。本丛书力求由浅入深、由点到面地介绍每一个知识点，在帮助少年儿童更直观感性地掌握知识的同时，使其能够快乐阅读、轻松学习。

编　者

目录 CONTENTS

王牌步枪
☆ WANGPAI BUQIANG ☆

美国"西方之王"——M16系列突击步枪

měi guó xī fāng zhī wáng
美国"西方之王"——

xì liè tū jī bù qiāng shì dì èr cì shì
M16系列突击步枪是第二次世

jiè dà zhàn hòu měi guó huàn zhuāng de dì èr dài
界大战后美国换装的第二代

zhì shì bù qiāng yě shì shì jiè shang dì yī
制式步枪,也是世界上第一

zhǒng zhèng shì liè rù bù duì zhuāng bèi de xiǎo
种正式列入部队装备的小

kǒu jìng bù qiāng kāi chuàng le bù qiāng xiǎo kǒu
口径步枪,开创了步枪小口

jìng huà de xiān hé gāi xì liè zì dòng bù qiāng
径化的先河。该系列自动步枪

zhǔ yào bāo kuò shì
主要包括M16式、M16A1式、

shì shì děng jǐ zhǒng xíng
M16A2式、M16A4式等几种型

hào shì zì
号。M16式自

^{dòng bù qiāng yóu měi guó zhù míng de qiāng xiè shè jì shī yóu jīn　　sī tōng nà shè}
动步枪由美国著名的枪械设计师尤金·M·斯通纳设

^{jì tā yǐ yǒu　　duō nián de fú yì shǐ　zhí dào xiàn zài　　jí qí gǎi xíng qiāng réng}
计。它已有40多年的服役史,直到现在M16及其改型枪仍

^{rán zài　　duō gè guó jiā bèi guǎng fàn shǐ yòng}
然在50多个国家被广泛使用。

美国M14式步枪

美国M14式步枪是M1"加兰德"步枪的换代型,同时也是世界上早期的全自动步枪之一。该枪从1963年起服役至今,火力迅猛,命中精度高,调整快慢机可实施半自动或全自动射击。

美国斯通纳 SR25式步枪

斯通纳SR25式7.62毫米口径半自动步枪是M16式5.56毫米口径步枪的变型枪，是AR-10式步枪的改进产品。它是由尤金·M·斯通纳设计，美国奈特军械公司生产的，主要用于精准射击。

美国阿玛利特AR-10和AR-15式突击步枪

AR-10式7.62毫米口径突击步枪是由美国阿玛利特公司的尤金·M·斯通纳设计的。AR-15式步枪是斯通纳在AR-10式7.62毫米口径突击步枪的基础上研制而成的。

鲁格MiNi-14式5.56毫米口径轻型步
枪于1973年投入市场，最初作为民用步枪

美国鲁格MiNi-14轻型步枪

bèi rén men shǐ yòng　hòu jīng gǎi jìn shǐ qiāng jī　jī gòu jiǎn huà　néng yǒu xiào de fáng huī chén

被人们使用,后经改进使枪机机构简化,能有效地防灰尘

hé yóu ní

和油泥。

美国OICW先进单兵战斗武器

所谓的OICW实质上是由两种武器组成的复合式武器。它是一种远近结合、点面杀伤结合的武器，杀伤效能比很高。美国OICW突击步枪是在美国陆军"未来战斗系统"计划中为"陆地勇士"开发的单兵战斗武器。

美国柯尔特 M733 突击步枪

美国柯尔特M733突击步枪是由美国枪械设计师尤金·M·斯通纳根据越南战争的实战经验设计的,由柯尔特武器工业公司制造。美国陆军、海军陆战队和警察防暴部队已装备使用。

苏联AK47式突击步枪

AK47式7.62毫米口径突击步枪是苏联著名枪械设计师卡拉什尼科夫设计的。该枪自问世以来,以其强大的火力、可靠的性能、低廉的价格而风靡世界。据统计,AK47系列突击步枪已生产了数千万支,成为世界上当之无愧的突击步枪之王。

AK47式步枪于1946年研制成功，1949年装备部队。AK47式突击步枪动作可靠，勤务性好，在风沙泥水中使用性能优良，坚实耐用，故障率低，深得官兵的喜爱。

苏联 AKM 突击步枪

AKM突击步枪是由卡拉什尼科夫在1953年间对
AK47突击步枪进行改进而产生的,并于同年开始装备
部队。AKM突击步枪与AK47相比要更加实用,更符合现
代战争对突击步枪的要求。

揭谜AK74式突击步枪

AK74式5.45毫米口径突击步枪于1974年11月7日在莫斯科红场阅兵式上首次露面，是AK47的改进型突击步枪。该枪结构简单、动作可靠、携带方便、命中率高，于20世纪70年代初装备部队。

苏联 AK-107 和 AK-108 突击步枪

AK-107和AK-108突击步枪的枪机、击发机构、机匣、快慢机、准星、枪托、弹匣及枪口制退器全部取自AK枪族,其工作原理是对火药燃气能量的利用。该枪重3.4千克,弹容为30发,初速为900米/秒。

俄罗斯 AN-94 突击步枪

AN-94突击步枪是俄罗斯研制的一种自动步枪。

1994年,俄罗斯军方将伊孜玛什兵工厂坚纳基·尼科诺夫带领的设计小组提交的ASN步枪正式定名为AN-94突击步枪。

德国STG44突击步枪

STG44突击步枪是德国继MP40冲锋枪、MG42通用机枪后的又一经典之作,同时也是率先大规模装备使用短药筒的中间型威力枪弹的自动步枪,堪称现代步兵轻武器史上划时代的里程碑。

德国 HK G3 突击步枪

二战末，德国毛瑟公司设计了一款滚柱闭锁枪机的步枪，二战后投入生产，这便是G3步枪的前身——STG45。20世纪50年代，西班牙研制出一款名为CETM的步枪，后经德国HK公司改进，成为后来的HK G3突击步枪。

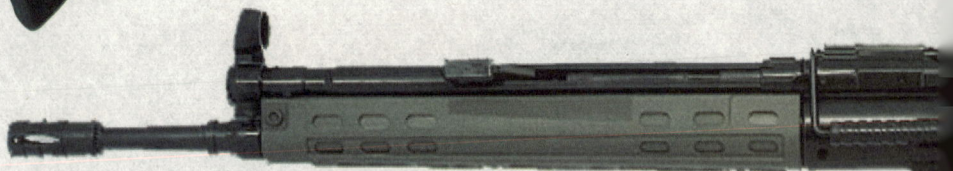

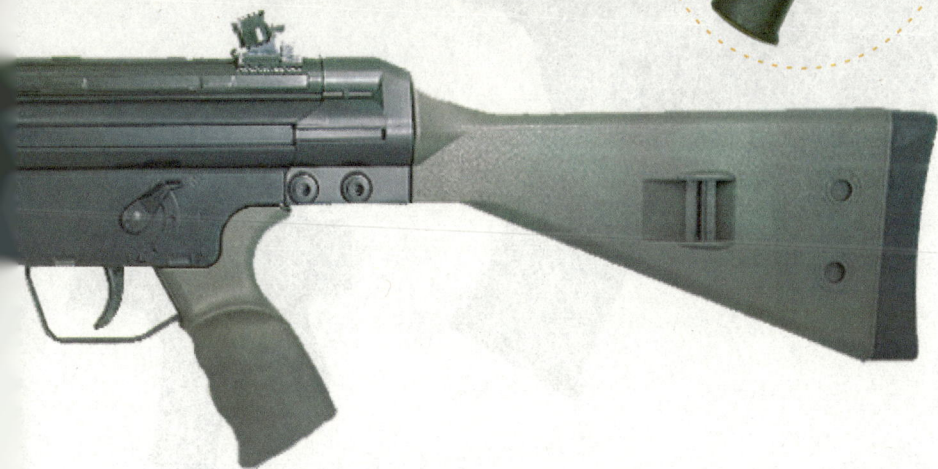

德国HK G36突击步枪

1990年，HK公司设计了一只重量轻、经济实用且采用传统设计理念的突击步枪——G36。该枪可装备制式的榴弹发射器、刺刀及折叠式支架。之后，G36成功地进入了特种部队和执法机构的武器市场。

德国 HK 33 突击步枪

HK 33突击步枪是HK G3突击步枪的缩小版，它和HK G3一样采用了闭锁系统与延迟反冲设计。HK 33与HK G3相比，前者在操控上较为轻松，在同等负荷的情况下便于携带更多的子弹。

 德国 HK XM8 突击步枪

HK XM8突击步枪是以XM29步枪的5.56毫米动能武器模块为基础而开发的新枪型,由HK公司负责研制。

HK XM8以杀伤力强、部署速度快等特点,成为陆军"理想部队"的重要装备。

比利时FN FAL突击步枪

FAL由比利时枪械设计师塞弗设计，是FN公司于20世纪40年代末研制的战后第一代新型突击步枪，可容纳德国的7.91毫米短弹。FAL突击步枪自研制以来受到广泛好评。

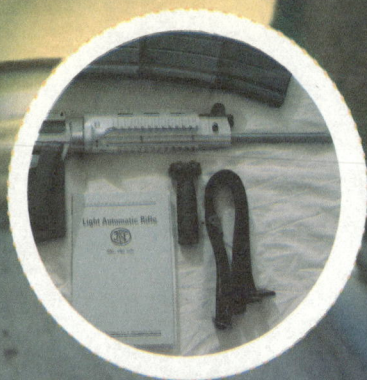

比利时 FN FNC 突击步枪

FN FNC突击步枪是比利时国营赫斯塔尔公司于1975年在FN CAL 5.56毫米口径突击步枪的基础上研制的一种新型突击步枪。该枪重3.8千克,有效射程可达300米。1979年5月正式投入生产。

比利时FN F2000突击步枪

tū jǐ bù qiāng shì bǐ lì shí
FN F2000突击步枪是比利时FN

gōng sī yú nián zhuó yǎn yú shì chǎng xū qiú de biàn huà
公司于1995年着眼于市场需求的变化

ér yán zhì chū de shì yìng xīn shí qī xīn xíng shì de wǔ qì
而研制出的适应新时期、新形势的武器。

gāi qiāng zhòng qiān kè chū sù kě dá mǐ miǎo
该枪重3.5千克,初速可达910米/秒。

yán zhì de chéng gōng biāo zhì zhe tū jǐ bù
FN F2000研制的成功标志着突击步

qiāng gài niàn de zhuǎn biàn
枪概念的转变。

比利时 FN SCAR 突击步枪

比利时FN SCAR突击步

枪实质上是一种可更换枪

管的模块化武器。该枪的设计

满足了各种战术需求,使作战

效能大为提高。目前,SCAR步

枪有5.56毫米口径和7.62毫米口径两种型号,其零件可

通用。

以色列加利尔突击步枪

加利尔突击步枪是以色列在AK47突击步枪的基础上研制而成的。1973年，加利尔5.56毫米口径突击步枪正式装备以色列陆军。继而以色列又研制出了可发射北约弹的加利尔7.62毫米口径突击步枪。

以色列IMI Tavor 系列突击步枪

以色列IMI Tavor系列突击步枪是由IMI公司研制的新型5.56毫米口径无托突击步枪，简称TAR步枪。该武器在20世纪90年代后期被用作以色列国防军制式装备。

TAR是一款全新的步枪。

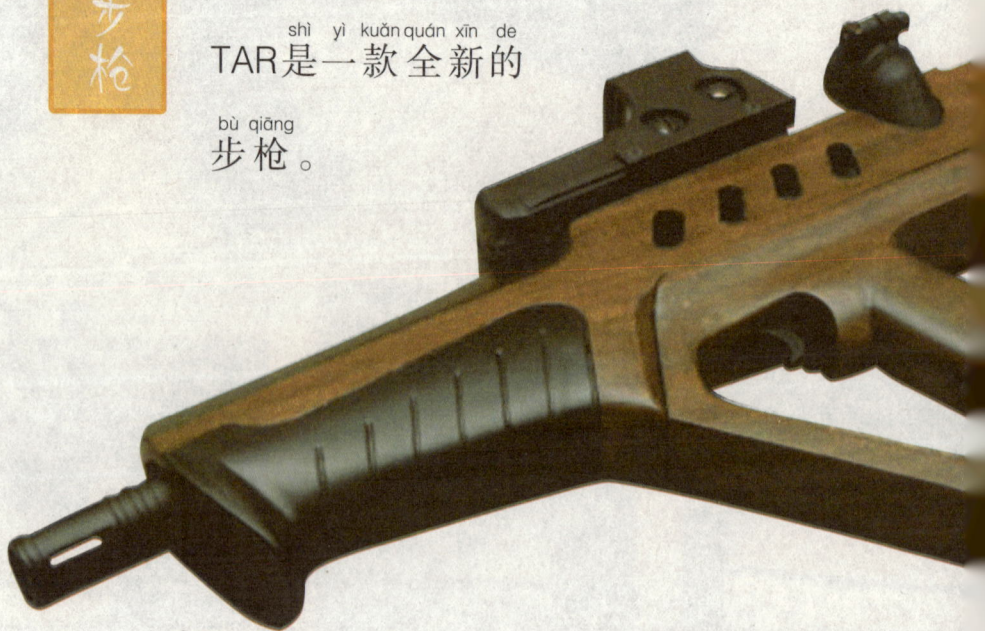

以色列 CAR-15 突击步枪

CAR-15适用于柯尔特AR-15步枪的许多缩短卡宾型的通用名称。在技术性能上，它仅代表19世纪60年代由柯尔特公司研制的CAR-15武器系统。CAR-15的截短型于1987年推出，受到以色列国防军特种部队的欢迎。

奥地利施泰尔 AUG 突击步枪

AUG 突击步枪于1972年定型,1977年装备部队。它是世界上最早出现的无托步枪之一,已成为世界著名的枪族之一,AUG突击步枪以弹匣为托,积木式组装结构,采用了大量的塑料件。

奥地利施泰尔 Scout 突击步枪

　　1990年，施泰尔－曼利夏公司推出了一款名为"Scout"的旋转后拉式枪机步枪。该枪的设计构思由美国海军枪械专家杰夫·库珀提出，该枪便于携带、操作方便、外形美观，深受枪械爱好者推崇。

英国恩菲尔德L85系列突击步枪

L85系列突击步枪由恩菲尔德轻武器公司研制。

1985年10月2日，英国陆军正式装备第一批步枪，称之

为恩菲尔德SA80式，不久正式定名为L85A1式5.56毫米

单兵武器，即L85A1式5.56毫米口径突击步枪。

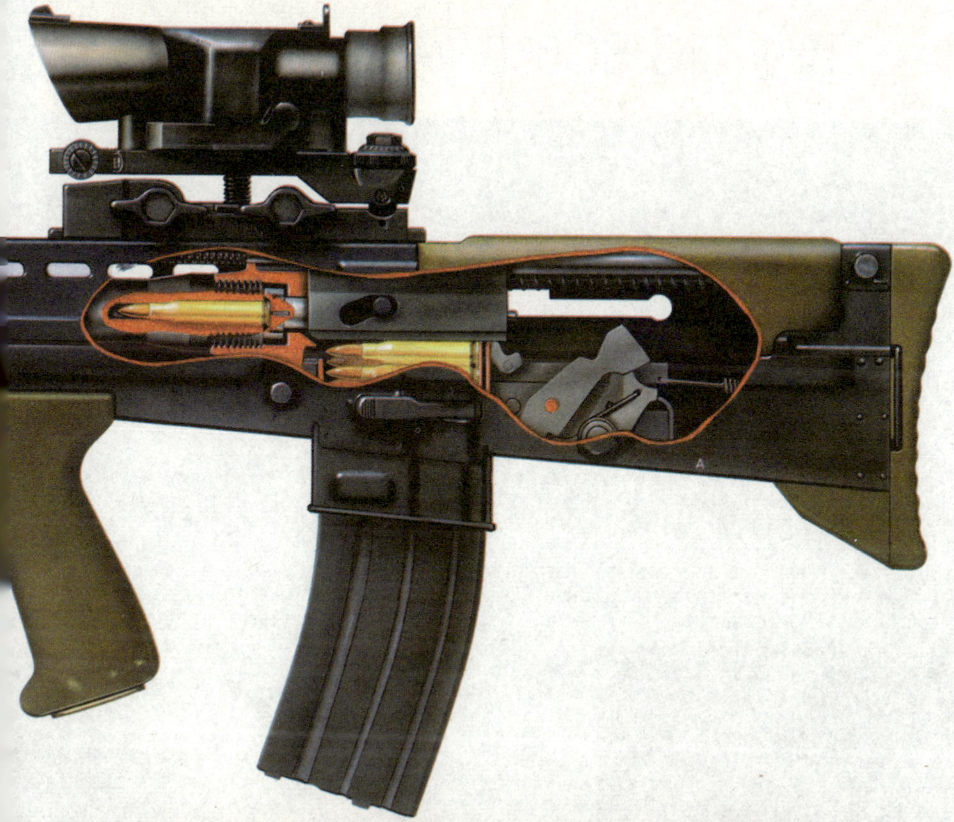

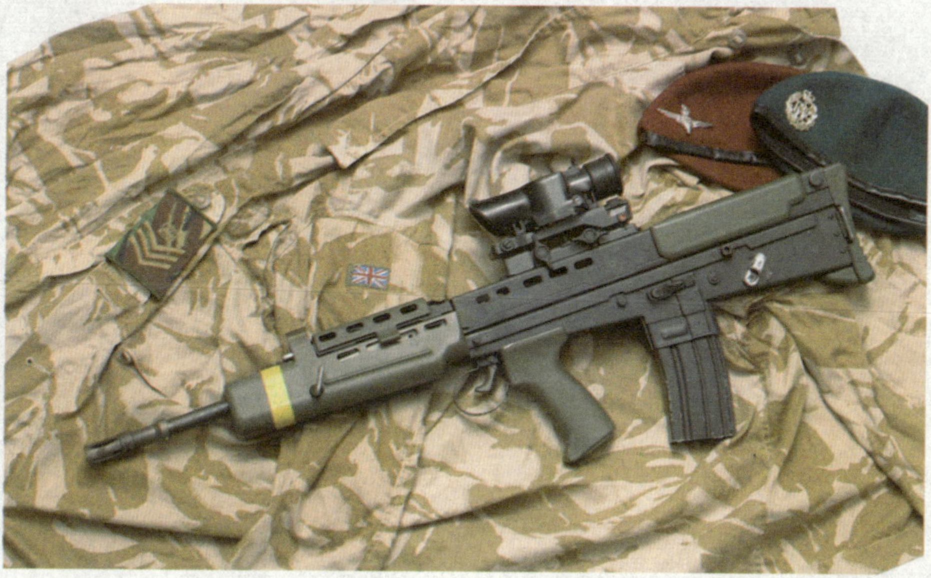

瑞士 SIG SG550 和 SG551 突击步枪

瑞士SIG SG550和SG551突击步枪是由SIG公司研制的,最终于1981年得到军方认可。1983年2月,联邦议会将SIG公司研制的这种新型枪正式定名为SG550突击步枪,于1984年初装备部队。SG551是短管枪型,专供坦克和装甲战车成员使用。

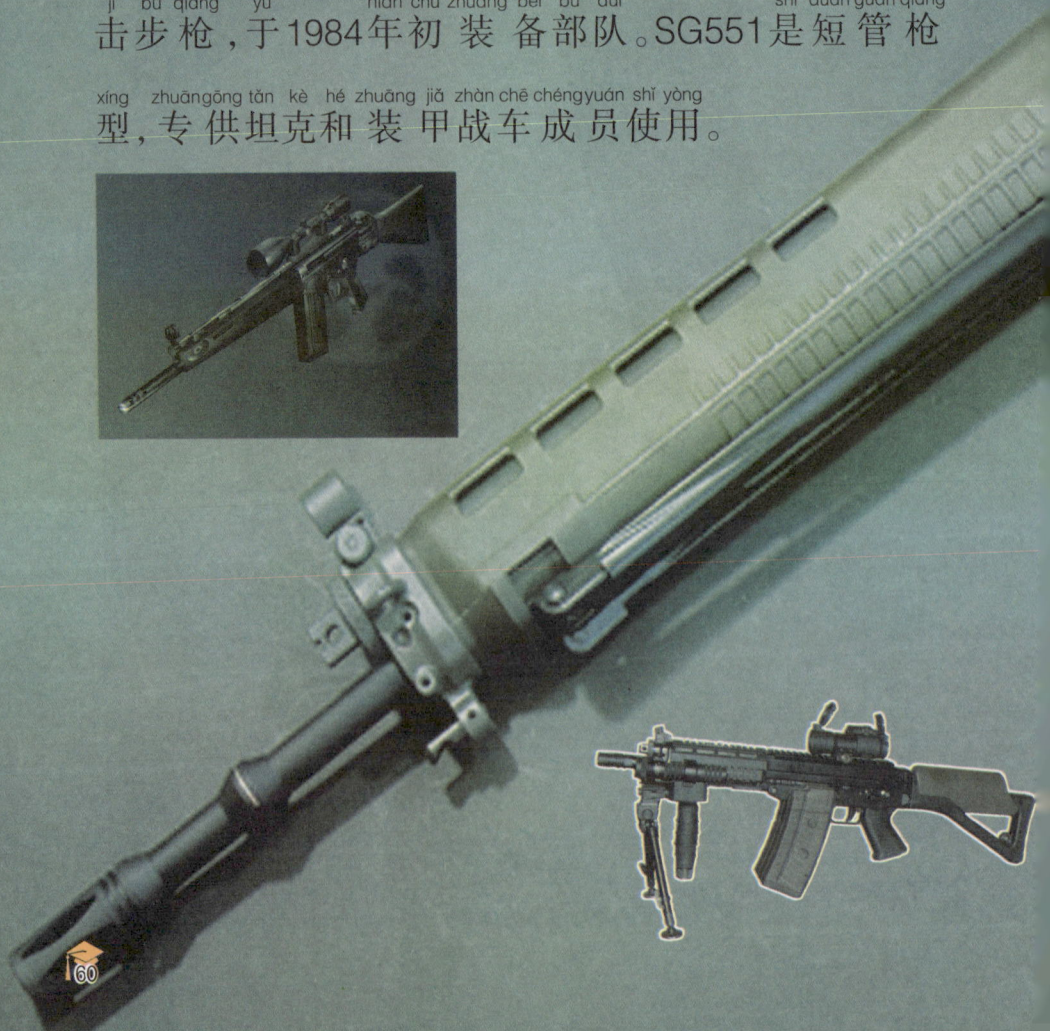

瑞士SG552突击步枪

chuò hào　　　tū　jǐ duì yuán　de　　　　tū　jǐ　bù qiāng zuò
绰号"突击队员"的SG552突击步枪作

wéi chāo duǎn xíng tū　jǐ　bù qiāng　　zì wèn shì yǐ lái jiù dà shòu huān
为超短型突击步枪,自问世以来就大受欢

yíng　gāi qiāng zhé dié qiāng tuō hòu qiāng cháng jǐn wéi　　háo mǐ　tè
迎。该枪折叠枪托后枪长仅为504毫米,特

bié shì hé jìn zhàn　bǎi mǐ shè chéng nèi kě bǎi fā bǎi zhòng
别适合近战,百米射程内可百发百中。

法国FAMAS突击步枪

fǎ guó tū jī bù qiāng shì jì měi guó zì
法国FAMAS突击步枪是继美国M16自

dòng bù qiāng zhī hòu chū xiàn de dì yī zhǒng wú tuō xíng xiǎo kǒu jìng bù
动步枪之后出现的第一种无托型小口径步

qiāng tā yú nián kāi shǐ yán zhì shì jì nián dài chū
枪。它于1967年开始研制,20世纪80年代初

zhuāng bèi bù duì zuì xiǎn zhù de yōu diǎn zài yú jīng dù
装 备部队。FAMAS最显著的优点在于精度

jí gāo hòu zuò lì xiǎo qiě zào xíng xīn yǐng
极高,后坐力小且造型新颖。

捷克 SA Vz58 突击步枪

SA Vz58 7.62毫米口径突击步枪是由捷克斯洛伐克自行研制的一款步枪枪型。该枪源于AK47，但异于AK47，是由轻武器设计师日·塞马克于1956年1月开始研制，1958年被正式定型，且很快就投入了生产。

苏联西蒙诺夫 AVS-36 自动步枪

在近代枪械的发展史上，半自动和自动单兵武器在战场上发挥了巨大作用。苏联从1928年就开始研发自动步枪，直到西蒙诺夫AVS-36出现，才宣告这项发明的完成。AVS-36自动步枪是气发的，每分钟在理论上可射800发子弹，使用15发弹匣。AVS-36共生产了65 800支。

苏联 SVT-38 和 SVT-40 半自动步枪

SVT-38是枪械设计师托卡列夫研制的一种半自动步枪，1939年10月开始批量生产。SVT-40半自动步枪是SVT-38的改进型，改善了步枪的操作性和可靠性，于1940年7月1日开始投产。

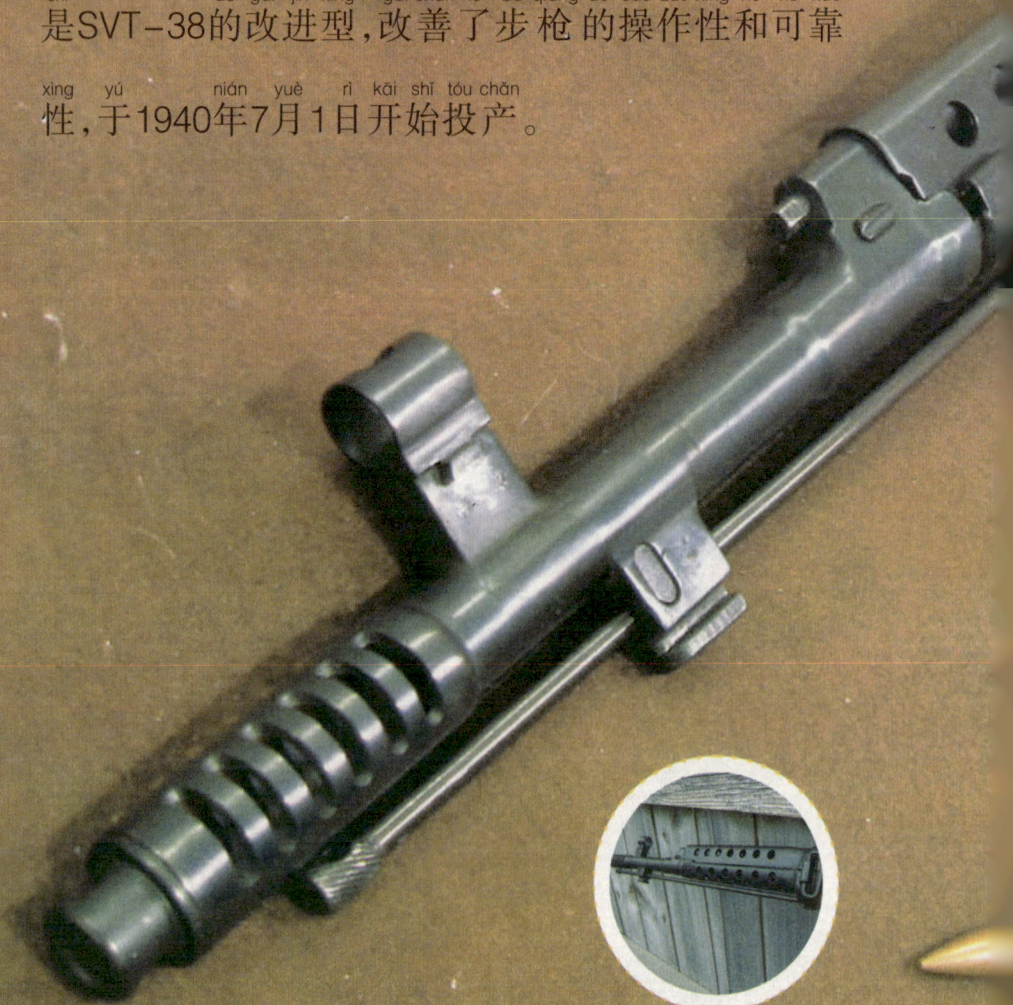

苏联西蒙诺夫 SKS 半自动步枪

苏联7.62毫米口径西蒙诺夫SKS半自动步枪是由
著名枪械设计师谢尔盖·加夫里罗维奇·西蒙诺夫在第
二次世界大战期间设计的。该枪于1946年定型，并装备
军队。

德国毛瑟 Gew.71/84 式半自动步枪

dé guó máo sè
德国毛瑟Gew.71/84

shì bàn zì dòng bù qiāng shì bǎo luó máo
式半自动步枪是保罗·毛

sè zài shì bù qiāng de jī chǔ
瑟在71式步枪的基础

shang jiā le yí gè dàn cāng hòu gǎi
上加了一个弹仓后改

zào ér chéng de yú nián
造而成的，于1884年

bèi dé guó jūn duì cǎi yòng bìng chóng xīn
被德国军队采用，并重新

mìng míng wéi shì bù qiāng gāi qiāng zhòng qiān kè yǒu xiào shè chéng kě dá
命名为71/84式步枪。该枪重4.6千克，有效射程可达

mǐ
270~1 600米。

德国毛瑟Gew.98半自动步枪

máo sè　　　　　　bàn zì dòng bù qiāng yú　　　nián kāi
毛瑟Gew.98半自动步枪于1898年开

shǐ chéng wéi dé guó jūn duì de zhì shì bù bīng wǔ qì　gāi qiāng de
始成为德国军队的制式步兵武器。该枪的

zhǔ yào tè diǎn shì gù dìng shì shuāng pái dàn cāng hé xuán zhuǎn hòu lā
主要特点是固定式双排弹仓和旋转后拉

shì qiāng jī　qiāng shēn zhòng　　qiān kè　yǒu xiào shè chéng kě dá
式枪机。枪身重4.2千克,有效射程可达

mǐ
800米。

 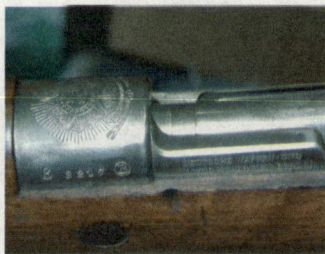

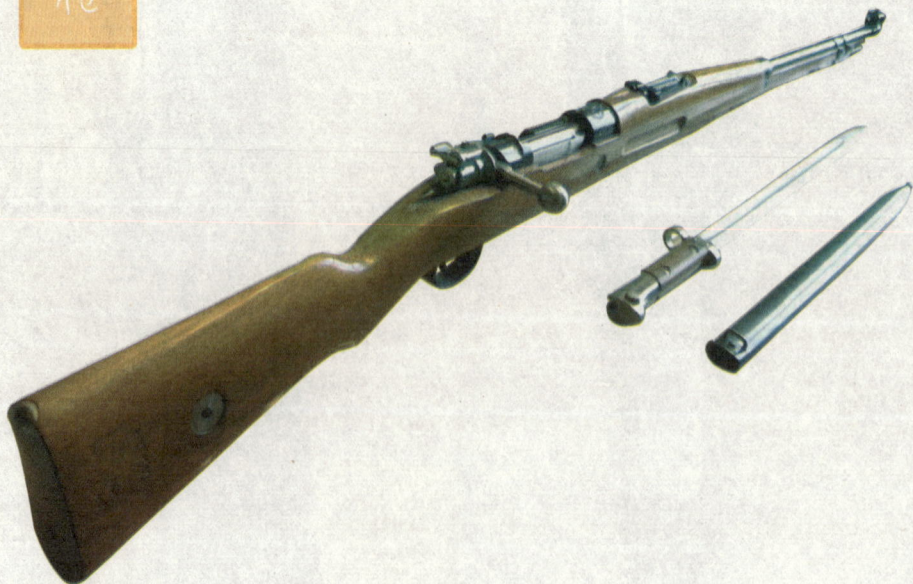

德国毛瑟 Kar.98k 步枪

毛瑟Kar.98k步枪是由毛瑟Gew.98步枪改进而来的，Kar.98k步枪是第二次世界大战时期德国军队装备的制式步枪。

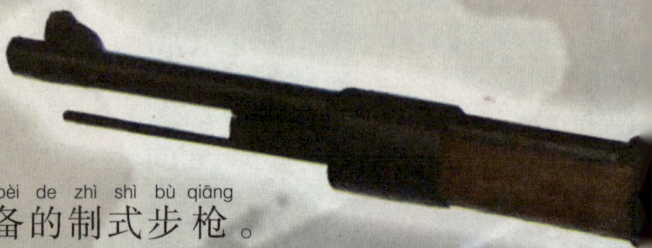

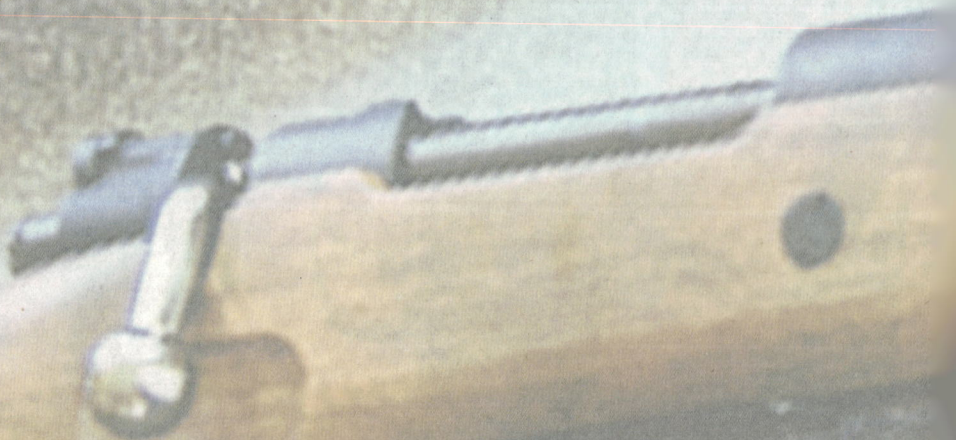

它于1935年开始服役，成为二战期间产量最多的轻武器之一。

德国 Gew.43 半自动步枪

德国Gew.43半自动步枪是第二次世界大战期间德国军队装备的步枪的一种。是1943年在Gew.41的基础上研制而成的。Gew.43半自动步枪装备瞄准具后，可以作为狙击步枪来使用，且性能和精准度都很不错。

意大利伯莱塔Cx4和Rx4"风暴"半自动步枪

bó lái tǎ fēng bào bàn zì dòng bù qiāng shì bó lái tǎ gōng sī de
伯莱塔Cx4"风暴"半自动步枪是伯莱塔公司的Xx4

fēng bào xì liè wǔ qì zhōng de dì yī kuǎn tuī chū yú shì jì chū zào xíng měi
"风暴"系列武器中的第一款，推出于21世纪初，造型美

guān ér bó lái tǎ fēng bào bàn zì dòng bù qiāng zuì xiān zài nián gōng bù
观。而伯莱塔Rx4"风暴"半自动步枪最先在2006年公布，

shì fēng bào xì liè zhōng zuì xīn de yì kuǎn
是Xx4"风暴"系列中最新的一款。

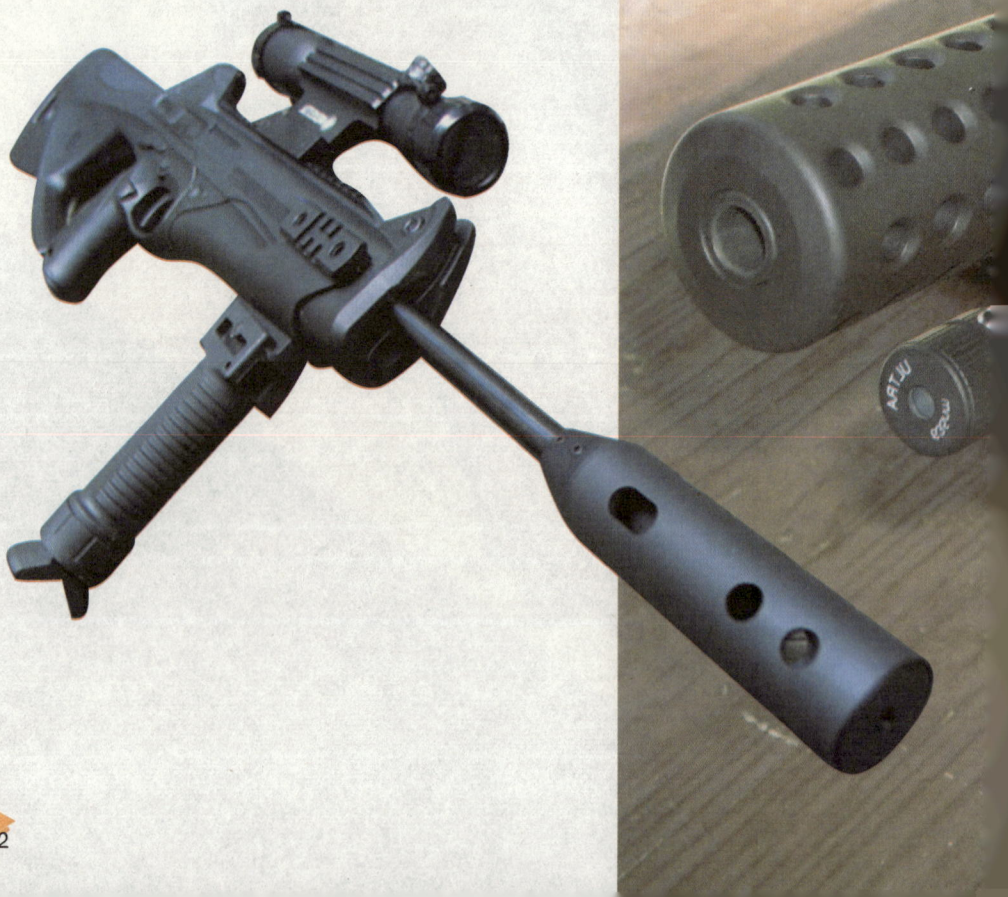

意大利伯莱塔 BM59 半自动步枪

BM59半自动步枪是在意大利伯莱塔公司设计师迈尼克·萨尔扎领导下，于1959年在性能优良的M1加兰德步枪的基础上设计改造而成。随后该公司又研制了BM59R、BM59D、BM59GL和BM60CB四种变型枪。

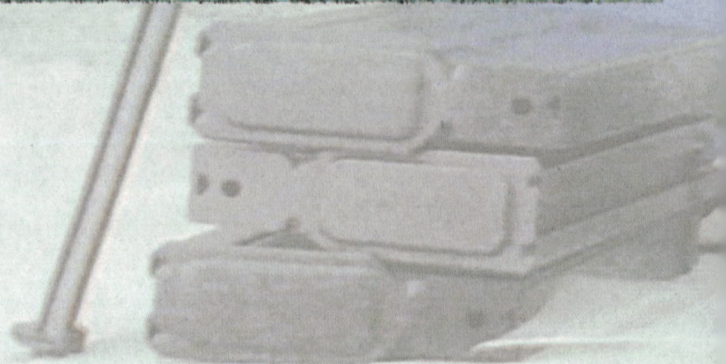

The O

SPI

Spring

以色列M1加利尔半自动步枪

jiā lì ěr bàn zì dòng bù qiāng jí hé le kǎ lā shí ní kē
加利尔半自动步枪集合了卡拉什尼科

fū zì dòng bù qiāng jiā lán dé bù qiāng bù qiāng de
夫自动步枪、M1加兰德步枪、M62步枪的

yōu diǎn qí gōng zuò yuán lǐ shì zì dòng dǎo qì cǎi yòng huí zhuǎn shì
优点,其工作原理是自动导气,采用回转式

bì suǒ qiāng zhòng qiān kè cháng háo mǐ
闭锁。枪重2.8千克,长720毫米。

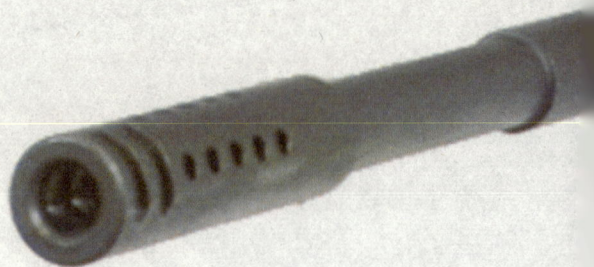

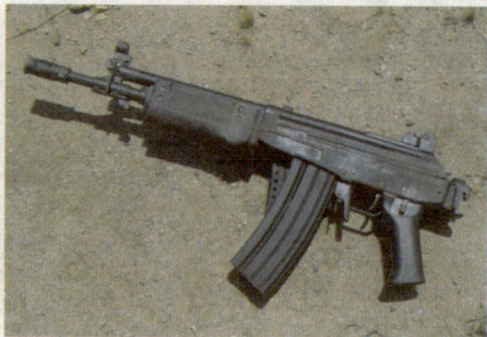

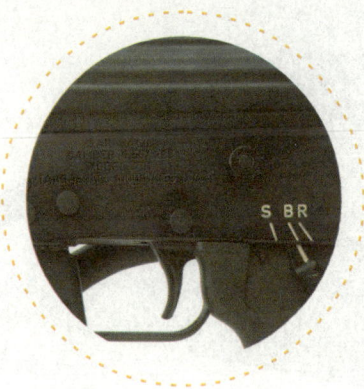

美国温彻斯特 M1873 系列步枪

温彻斯特M1873系列步枪是在M1866的基础上改进而成，该枪采用中心发火式枪弹，口径小、射速高、弹容量大，枪重3.7千克，有效射程达400米，被形象地称为"征服西部之枪"。

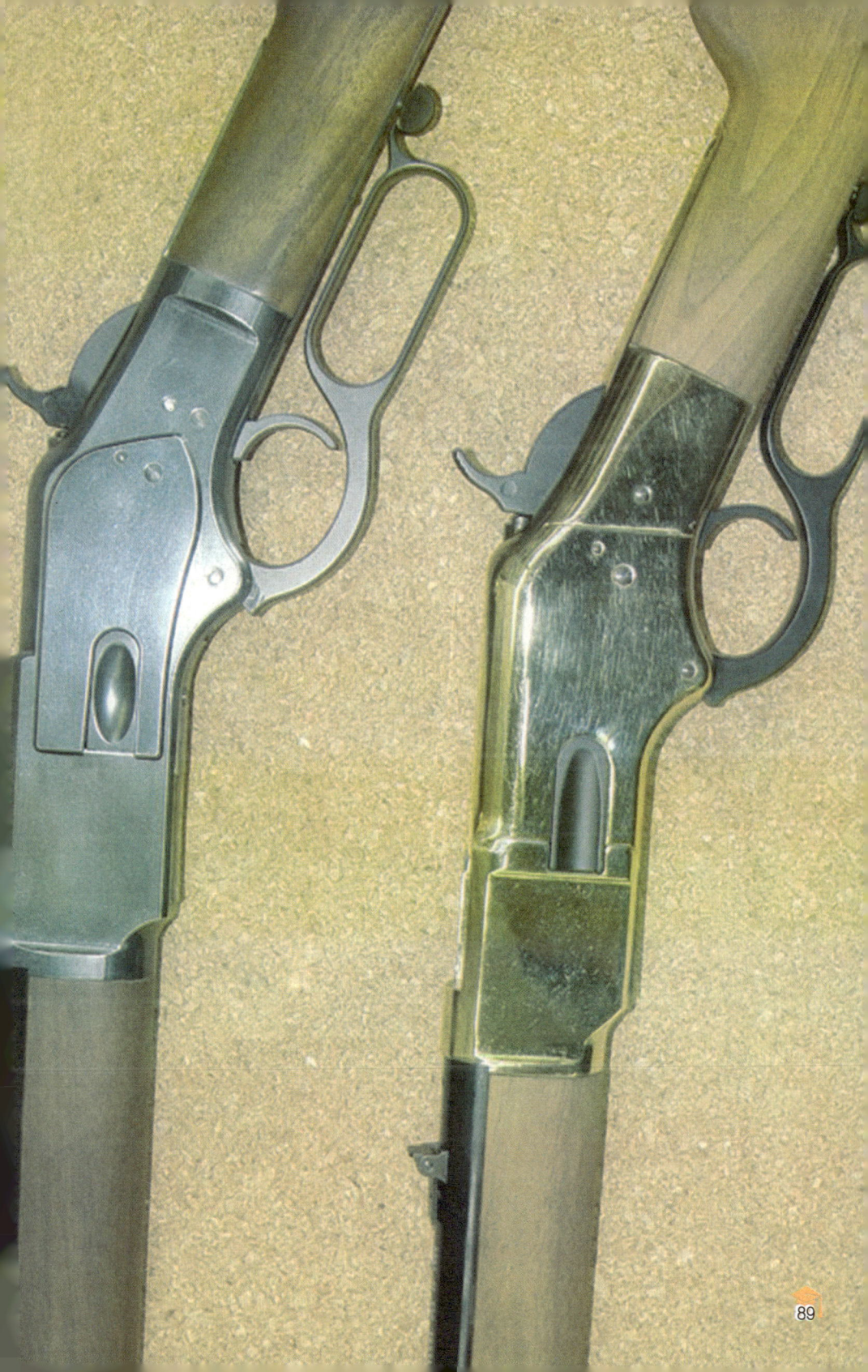

美国斯普林菲尔德 M1903 非自动步枪

M1903非自
动步枪是由斯普
林菲尔德公司生产制
造的一种手动枪机弹仓
式步枪。1903年被正式定名，
成为美国军队制式步枪。该枪加
工工艺精良，适应性很强，是美军在第
一次世界大战中的制式装备。

英国李－恩菲尔德弹匣式短步枪

李-恩菲尔德短步枪是由菲尔德兵工厂在李氏步枪的基础上改进而来的，命名为"李-恩菲尔德弹匣式短步枪"，并于1903年正式投产。该枪首创了"短步枪"的概念，采用后端闭锁的旋转后拉式枪机。

美国 M82A1 狙击步枪

M82A1是由朗尼·巴雷特于1982年设计制造的大口径半自动狙击步枪。

1990年10月，12.7毫米口径的军用狙击枪被美国海军陆战队正式选用。

美国雷明顿700系列狙击步枪

雷明顿700旋转后拉式枪机步枪是由雷明顿公司设计、在1962年推出的一款狙击步枪。该枪精度高、威力大,因为浮置枪管、极敏感的扳机及优质枪管,使得其自推出后一直广受称赞。

美国雷明顿 M40A1 和 M40A3 狙击步枪

M40A1狙击步枪是在M40的基础上改进而成的。该枪在美国被视为现代狙击步枪的先驱。M40A3狙击步枪是作为M40A1的替代产品设计而成的,是以雷明顿M700高精度民用步枪为基础研制的。

美国 M24 SWS 狙击步枪

美国 M24 SWS 狙击步枪选用了旋转后拉式枪机,保障了该枪的可靠性。该枪枪体与枪机配合紧密,精度优良。该枪使用7.62毫米口径枪弹,射程可达1 000米。M24 SWS是根据美国陆军的要求而设计生产的,于1987年正式投入使用,是一款性能优异的狙击步枪。

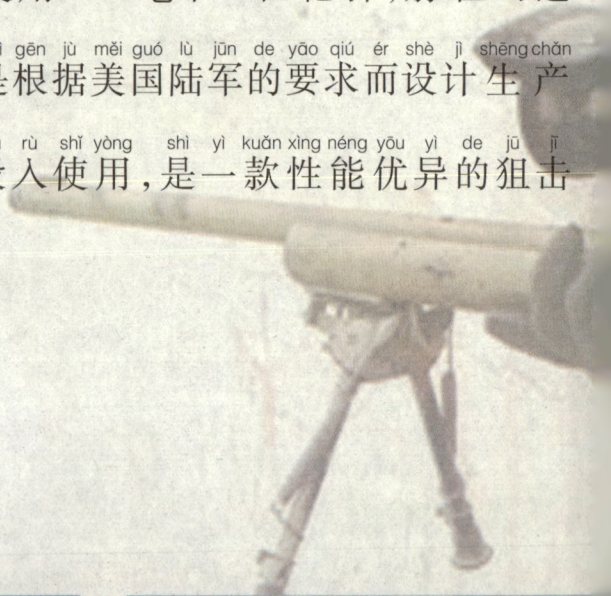

gāi qiāng zhěng tǐ wéi hēi sè qiāng guǎn
该枪整体为黑色，枪管、

shàng qiāng shēn qiāng jī dàn cāng dàn jiá qiāng
上枪身、枪机、弹仓弹夹、枪

tuō tiáo jié xuán niǔ dōu shì jīn shǔ cái zhì xià
托调节旋钮都是金属材质，下

qiāng shēn qiāng tuō shì sù liào cái zhì gāi qiāng
枪身、枪托是塑料材质。该枪

zuì xiǎn zhù de tè diǎn shì jù yǒu xuán zhuǎn hòu lā
最显著的特点是具有旋转后拉

qiāng jī jié gòu
枪机结构。

美国 M21 式狙击步枪

　　M21式7.62毫米口径狙击步枪是以M14式步枪为原型加以改进发展而成的,是经过实战考验的、可精确瞄准射击的狙击步枪。曾长期作为制式狙击步枪装备美军。

M21 式狙击步枪可以外接消声器，并且不影响枪弹的初速

M21 式狙击步枪的弹匣

俄罗斯 SVDS 狙击步枪

SVDS 7.62毫米口径狙击步枪于1994年定型,最初分为步兵型和伞兵型两种,但军方只选择了伞兵型狙击步枪。该枪采用折叠枪托,整个枪托结构非常结实。该枪重4.08千克,有效射程可达800米。

SVDS 狙击步枪
采用夜视瞄准镜,放
大率为 10 倍

SVDS 狙击步枪
可发射专用的狙击弹
和电光穿甲燃烧弹

苏联德拉贡诺夫 SVD 狙击步枪

德拉贡诺夫 SVD狙击步枪射击精度高,而且简单、轻巧、紧凑,于1967年 装 备部队。该枪采用短行程活塞的设计,枪 重3.7千克,最大杀 伤 射 程 可达3 800米。

英国 AI AS50 半自动狙击步枪

AI AS50 12.7毫米口径半自动狙击步枪是由美军特种部队设计的,是为海军海豹部队提供的反器材远程狙击步枪。该枪在2005年1月的美国拉斯维加斯枪展上首次公开亮相。

英国AW系列狙击步枪

AW系列狙击步枪有步兵型、警用型和"隐形AW"三种，其中步兵型在1986年装备英军，定名为L96A1式狙击步枪。该枪系是由英国国际精密仪器公司设计制造的。

英国帕克-黑尔 M85 式狙击步枪

帕克-黑尔M85式狙击步枪是由帕克-黑尔有限公司研制的一种高精度的狙击步枪。该枪使用北约7.62毫米枪弹,是枪机直动式武器。

G22 狙击步枪的枪机是常规的圆柱形,枪托为可折叠的塑料枪托。该枪的射击精度高、噪声小,且结构简单,非常适合野战使用,枪重6.6千克,枪管长达690毫米。

德国HK416卡宾枪

wèi quán miàn tí gāo wǔ qì zài ě liè tiáo jiàn xià shǐ yòng
为全面提高武器在恶劣条件下使用

de kě kào xìng ān quán xìng tóng shí yán cháng qiāng xiè de shǐ yòng
的可靠性、安全性，同时延长枪械的使用

shòu mìng kǎ bīn qiāng de qiāng guǎn cǎi yòng le lěng duàn
寿命，HK416卡宾枪的枪管采用了冷锻

chéng xíng gōng yì yōu zhì de gāng cái yǐ jí xiān jìn de jiā gōng
成型工艺。优质的钢材以及先进的加工

gōng yì shǐ de de qiāng guǎn shòu mìng chāo guò le liǎng
工艺，使得HK416的枪管寿命超过了两

wàn fā
万发。

美国斯普林菲尔德M1卡宾枪

M1卡宾枪由温彻尔斯特公司的大卫·威廉设计，是一种半自动卡宾枪，是第二次世界大战中美国使用最广泛的武器之一。该枪严格按照枪械历史上公认的卡宾枪定义专门设计并大量生产。

© 雨 田 2019

图书在版编目（ＣＩＰ）数据

王牌步枪小百科 / 雨田主编 . -- 沈阳：辽宁少年
儿童出版社，2019.1（2023.8重印）

（学生科普百科系列）

ISBN 978-7-5315-7804-8

Ⅰ . ①王… Ⅱ . ①雨… Ⅲ . ①步枪—少儿读物 Ⅳ .
① E922.12-49

中国版本图书馆 CIP 数据核字 (2018) 第 227958 号

出版发行：北方联合出版传媒（集团）股份有限公司
　　　　　辽宁少年儿童出版社
出 版 人：胡运江
地　　址：沈阳市和平区十一纬路 25 号
邮　　编：110003
发行部电话：024-23284265　23284261
总编室电话：024-23284269
E-mail：lnsecbs@163.com
http://www.lnse.com
承 印 厂：北京一鑫印务有限责任公司

责任编辑：王　程
责任校对：李　爽
封面设计：新华智品
责任印制：吕国刚

幅面尺寸：155mm×225mm
印　　张：8　　　　字数：118 千字
出版时间：2019 年 1 月第 1 版
印刷时间：2023 年 8 月第 2 次印刷
标准书号：ISBN 978-7-5315-7804-8
定　　价：39.80 元